化学篇

哇，科学有故事！

酸和碱的故事

［韩］权恩雅／文　［韩］安恩真／绘　千太阳／译

人民东方出版传媒
People's Oriental Publishing & Media
東方出版社
The Oriental Press

为什么把珍珠放入
食醋中会溶化呢？
克利奥帕特拉

有什么办法可以安全
地分辨酸和碱呢?
酸雨究竟是如何形
成的?
波义耳
史密斯

目录

世界上不仅有带酸味的物质，还有带苦味的物质。在带酸味的物质中，就有作为调料使用的食醋。我想挫一挫罗马将军的锐气，于是便用食醋和珍珠表演了一场魔术。

大约在两千多年前，一艘船从埃及出发，沿着欧洲的地中海赶往塔尔苏斯。船内的装饰异常奢华，有美丽的花朵和昂贵的金樽，而此时里面正觥筹交错、欢歌笑语，好不热闹。

因为在这里，埃及的克利奥帕特拉女王正为邀请罗马最有权势的安东尼将军举办派对。

安东尼将军显然被派对的奢华程度给吓到了。

于是，他便询问克利奥帕特拉女王：

女王一边说着，一边摘下戴在耳朵上的巨大珍珠耳环，投进装有食醋的杯子里。

珍珠“嗞嗞”冒着泡，一会儿便消失得无影无踪。

女王炫耀般地一口喝掉了溶有珍珠的食醋。紧接着，她又轻描淡写地想要将另一边的珍珠耳环也放进食醋里。将军急忙拦住女王。

以这件事为契机，他们二人坠入爱河。

听了克利奥帕特拉女王的故事，你是不是会发出“原来古人们早就清楚食醋的性质啊”的感叹呢？

自古以来，食醋一直都是给食物增添酸味的调味品，其实除此之外，食醋还有具有溶解贝壳的性质。由此说来，它能溶解与贝壳成分相似的珍珠，也就不算什么稀奇的事情了。不过，现实中的食醋并不能像故事中那样迅速溶解掉珍珠，而是只能非常缓慢地溶解它。

食醋可能是被人们利用的历史最长的一种带酸味的物质。历史记录显示，早在五千年前的古巴比伦王国，人们就已经将食醋当作食物的调味品使用了。

食醋为什么会呈现出酸味呢？

那是因为食醋中含有一种叫作乙酸的物质，也叫醋酸。日常生活中，还有一些物质也能像食醋中的乙酸一样呈现出酸味。

就像大家看到的一样，这些物质的名称中往往都带有“酸”字。

酸在汉语中表示“酸味”。酸的英文名称为“acid”，也是出自拉丁文中的“酸味”一词。

接下来，让我们了解一下带苦味的物质吧。

古时候，人们常用植物燃烧后剩下的灰烬制成草木灰水，再用它来洗衣服。中国古代也常常使用秸秆灰烬制成的草木灰水来擦洗带有油渍的盘子。

因此，草木灰水称得上是最初的肥皂。

肥皂是一种带有苦味、触感滑腻的物质，阿拉伯的炼金术师们曾将这种物质称为“碱”。碱的英文名称原意是“植物的灰”，而后来，但凡与草木灰水性质相似的物质，人们全都统称为碱。

碱就和酸一样，也是我们身边常见的一类物质。

不过碱不同于酸，只凭名称很难猜出它是否属于碱性物质。

一直以来，人们很了解食醋和肥皂的性质，更懂得利用它们的性质。

科学家们将与食醋性质类似的物质，及与肥皂性质类似的物质归类到一起进行总结分析，它们分别被称为酸和碱。即便都属于酸或碱，其酸度或碱度也有强弱之分。例如，食醋属于弱酸，所以能够食用；肥皂属于弱碱，所以可以用来洗手。但强酸威力很大，能够溶解铁和石头；强碱也会烧伤我们的皮肤，因此强酸、强碱都属于非常危险的物品。

酸性物质、碱性物质

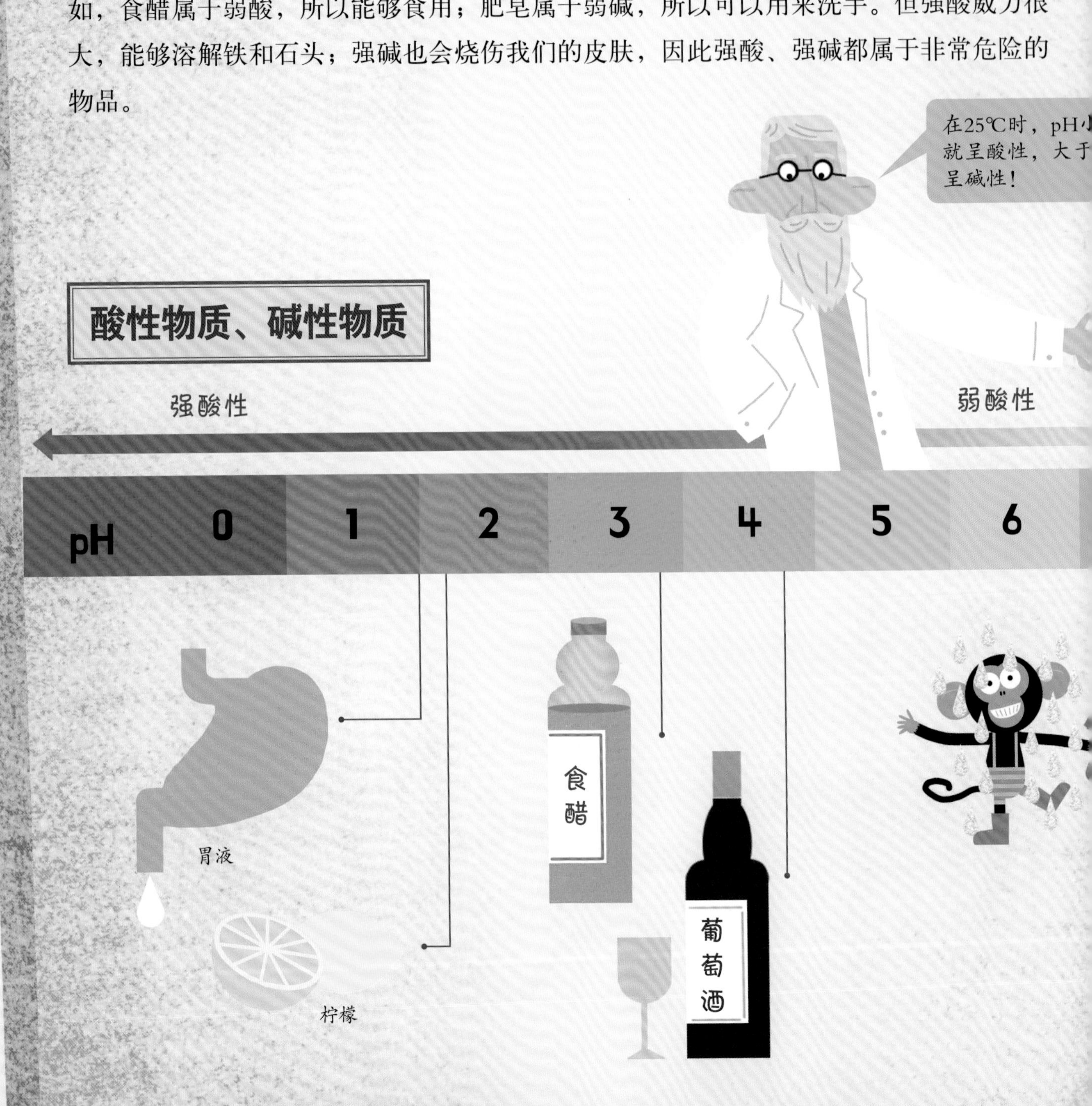

一种物质如果在水中溶解后呈现出酸的性质，那它就是酸性物质；如果呈现出碱的性质，就是碱性物质。后来，科学家们研究出用数字来表示物质的水溶液所呈现出来的酸碱强度。

“pH”用来表示酸性强度和碱性强度：数字越小，酸性越强；数字越大，碱性越强。

如此一来，只要看到 pH，人们就能判断出哪种物质是酸性的，哪种物质是碱性的。

酸和碱

胃液

胃液中的0.5%由呈强酸性的盐酸组成。胃液具有杀死细菌的作用。

吃一顿饭分泌的胃液量大致等于3盒200毫升的牛奶。

酸是溶于水后呈酸性的物质，碱是溶于水后呈碱性的物质。酸性物质带有酸味；碱性物质带有苦味，而且触感滑腻。

食醋

食醋通常由谷物、水果、酒等食物发酵而成。

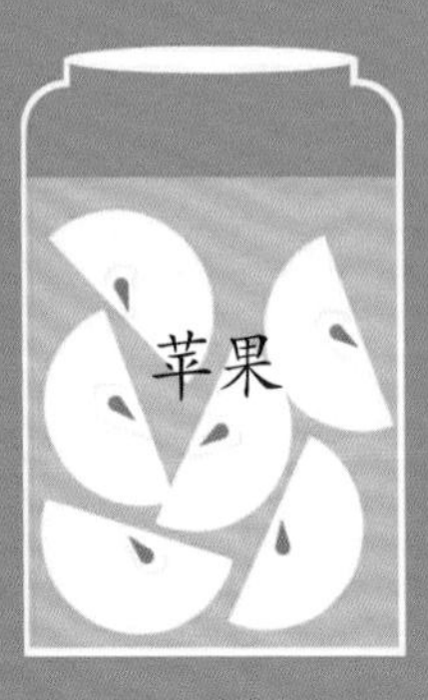

葡萄酒 发酵 食醋

我们食用的食醋中含约 **3%~5%** 的乙酸。

抑制胃酸的药物

胃酸过多会腐蚀胃壁，胃部会产生灼烧的感觉。抑制胃酸的药物含有碱性物质。

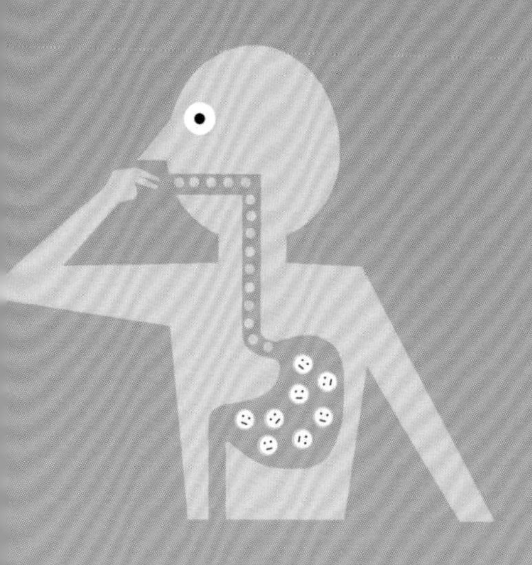

血液

健康的人的血液呈弱碱性。即使常喝酸性的食醋，我们的身体也不会变成酸性。

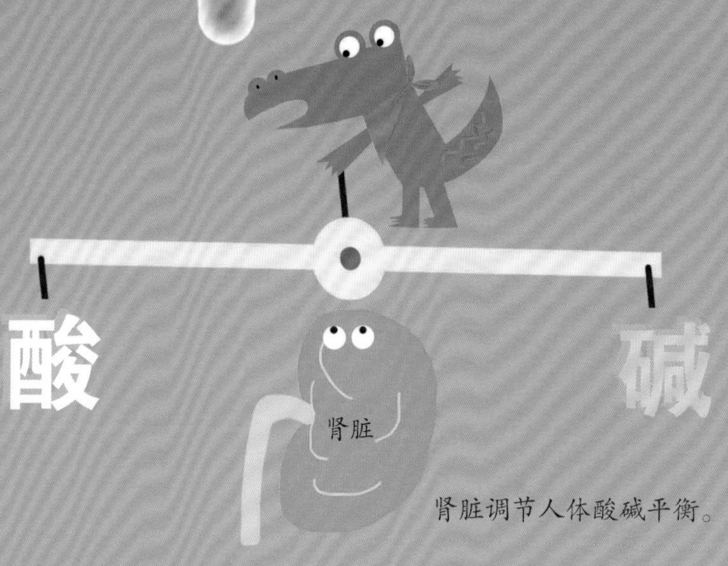

肾脏调节人体酸碱平衡。

咖啡因

可乐、咖啡、茶等饮品中所含有的咖啡因属于碱性物质。咖啡因具有提神和减缓疲劳的功效。

各种洗涤剂

洗涤剂中的碱性物质能够轻松溶解污渍的主要成分——蛋白质和脂肪。

跟葡萄酒一样珍贵的香脂醋

如果说人们最先品尝到的酸是食醋，那么人们最先喝到的酒或许就是葡萄酒了。

很早以前，人们就懂得利用发酵来制作食醋。其中，最有名的还要属“香脂醋”。

这种食醋称得上是意大利摩德纳地区历史最悠久的土特产。

香脂醋比一般的食醋更黏稠，颜色也更深。它尝起来，不仅是酸味，还带有一丝甜味。由于香气和味道与众不同，它常用于给沙拉或牛排等西餐提味。香脂醋的制作方法为熬制青葡萄汁，再将其装入原木制成的桶中，需要十年以上的时间发酵。在这一漫长的过程中，才会慢慢形成香脂醋独特的颜色和香醇的味道。

正因为如此，所以酿好的香脂醋才会跟葡萄酒一样昂贵，深受人们的追捧。据说，香脂醋还具有促进消化和预防心脏疾病的功效。

正在发酵的香脂醋

想要分辨酸和碱，我们就得搞清楚它究竟是带有酸味还是带有苦味。但用品尝的方式分辨酸和碱是一件极其危险的事情，绝对不可取！不过，你也不用担心，因为我已经发现了一种利用紫罗兰花汁来轻松分辨酸和碱的方法。

1664 年的某一天，英国科学家罗伯特 · 波义耳在实验时遇到了一件神奇的事情。

当时，他正在加热某种含有盐酸的溶液，而实验桌的一角摆放着一盆紫罗兰。

实验结束后，波义耳无意间看了一眼紫罗兰。

“咦，真奇怪！花瓣的颜色怎么变了？”

原来紫罗兰的紫色花瓣不知何时已经变成了红色。

波义耳认真思考了一下花瓣颜色变化的原因。

难道是花瓣接触到盐酸的烟雾才导致颜色发生了变化？

波义耳又利用其他酸性溶液进行了实验，看看会不会发生同样的事情。

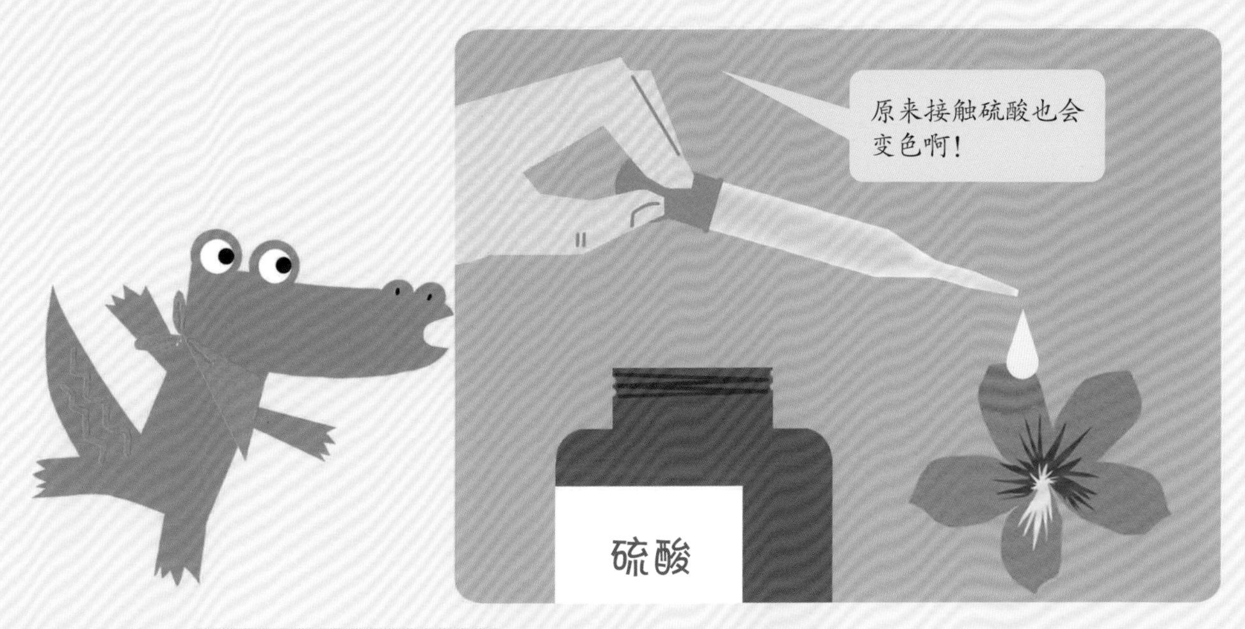

每次接触到酸性物质，紫罗兰的花瓣都会变成红色。

“哇哦，我岂不是用这种花瓣的汁液就能轻易分辨出物质是否带有酸性了？”

后来，波义耳又使用其他植物的汁液代替紫罗兰花进行了实验。

最终，他得出以下结论：“酸会令蓝色植物汁液变成红色，而碱则会让红色植物汁液变成蓝色！”

于是，天然酸碱指示剂就这样诞生了。

物质和物质相遇时，性质有可能会发生变化。所以，指示剂能让我们快速弄清楚该物质所拥有的性质，可以显示出物质酸碱性的植物汁液指示剂是一种典型的酸碱指示剂。

波义耳的指示剂实验

酸性物质实验

如果将紫罗兰汁滴入硫酸中会怎么样？

如果将郁金香花汁滴入硫酸中会怎么样？

碱性物质实验

如果将紫罗兰花汁滴入小苏打溶液中会怎么样？

如果将郁金香花汁滴入小苏打溶液中会怎么样？

中性物质实验

如果分别将紫罗兰花汁和郁金香花汁滴入水中会怎么样？

发现指示剂的波义耳再次发现了新的事实——

某些物质不会让任何指示剂变色。

这些物质既不呈酸性也不呈碱性，所以我们称它们为“中性”。

最常见的中性物质就是水。不过，我们平时喝的水中含有一些杂质，所以往往会呈微弱的酸性或碱性。没有任何杂质的纯净水则呈中性。

那么，酸和碱相遇又会发生什么呢？

当酸性物质和碱性物质相遇时，其中一种或两种都有可能会失去原有的性质。

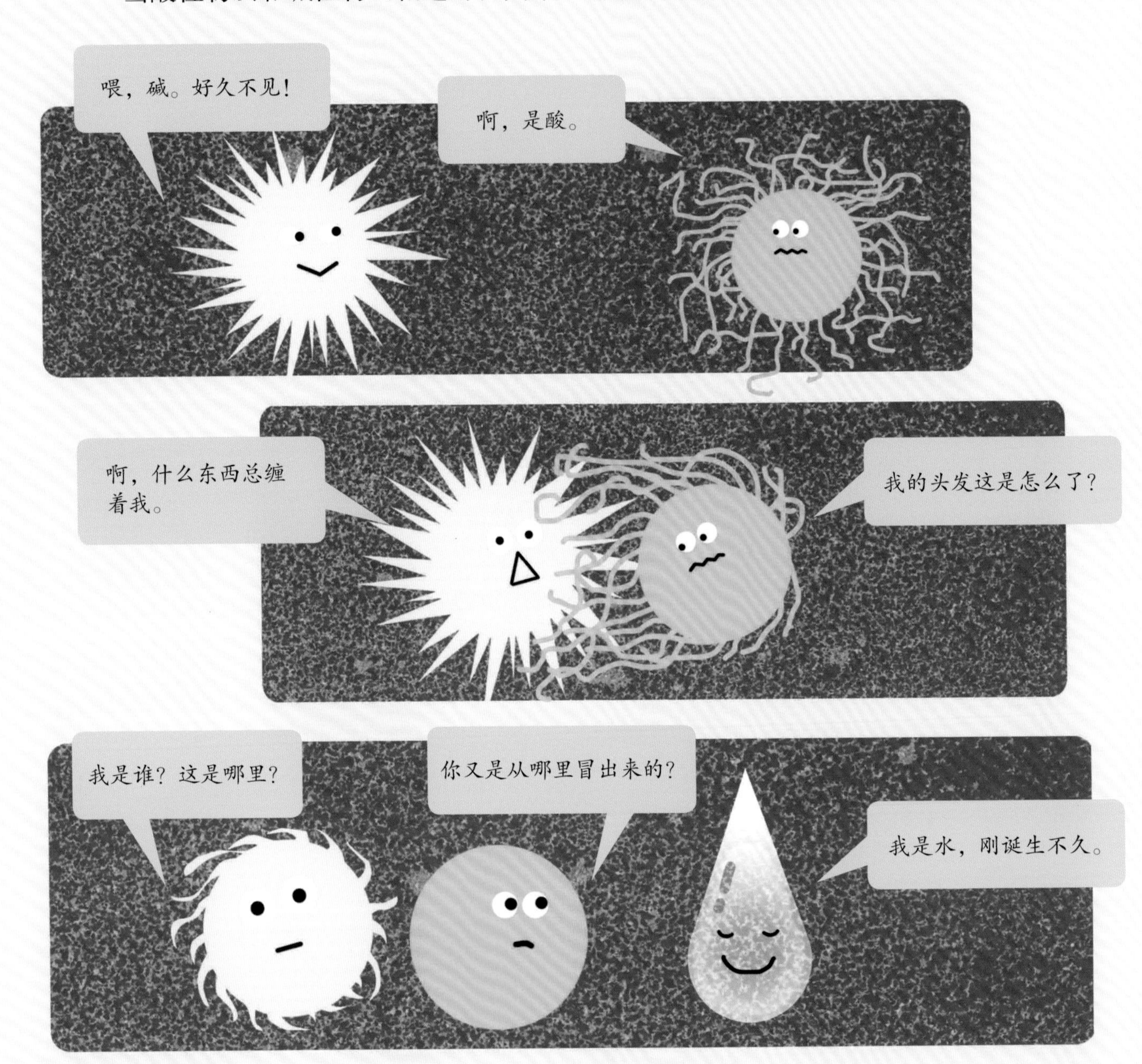

如果酸性物质和碱性物质的强度相同，那么两者都会失去原有的性质，变成中性。这时，酸的一部分和碱的一部分会结合在一起生成水。我们称这种现象为“中和反应”。

如果两种物质中，酸性物质比碱性物质强度强，那么两种物质混合产生的新物质呈酸性；如果碱性物质比酸性物质的强度强，那么产生的新物质呈碱性。

在发生中和反应时，只要使用指示剂，我们就能轻松了解到混合溶液的性质。只有指示剂的颜色不发生变化，才能说明溶液属于中性。

每次使用植物汁液来制作天然指示剂非常烦琐。于是，科学家们研制出一种药剂形态的指示剂——石蕊溶液。

此外，科学家们还研制出用石蕊溶液浸湿滤纸得到的石蕊试纸。目前，包括学校的很多地方都在使用石蕊试纸。

指示剂

用紫甘蓝制作天然指示剂

在分辨某种溶液是酸性还是碱性时，我们可以用指示剂。根据滴入指示剂后的颜色变化来判断溶液的酸碱性。如果颜色不发生改变，那就说明溶液既不呈酸性也不呈碱性，而呈中性。

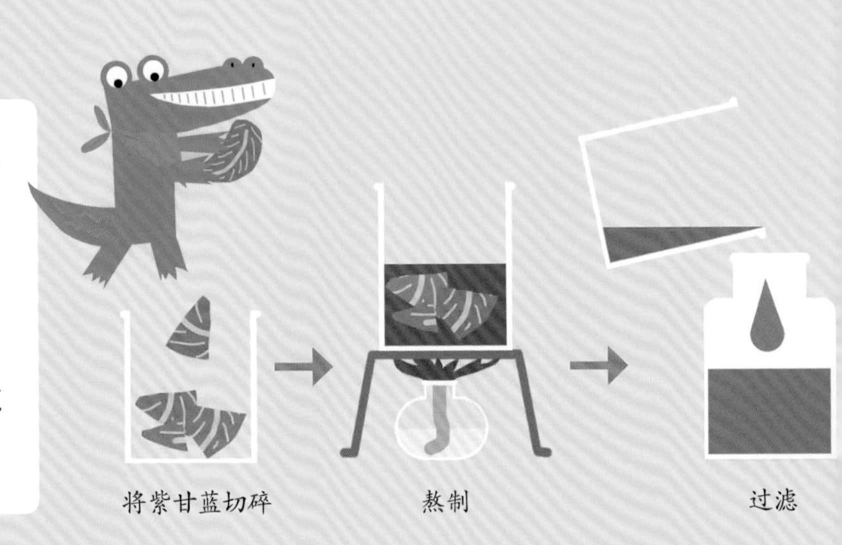

用紫甘蓝指示剂做实验

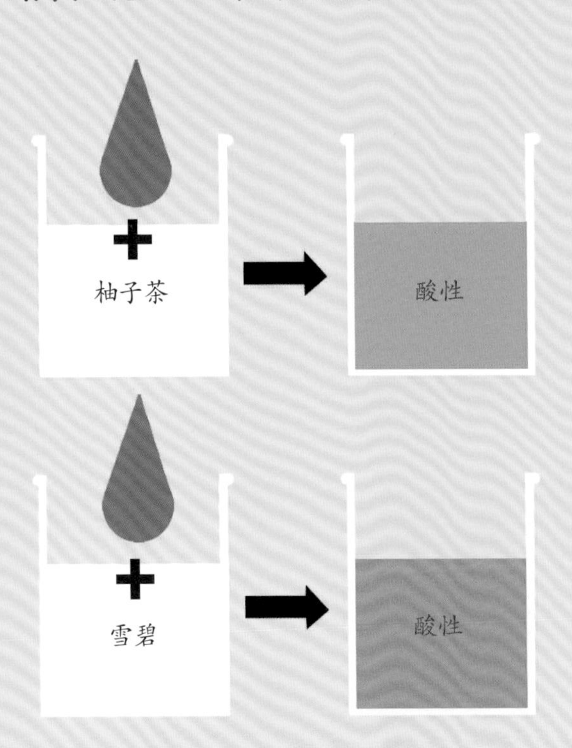

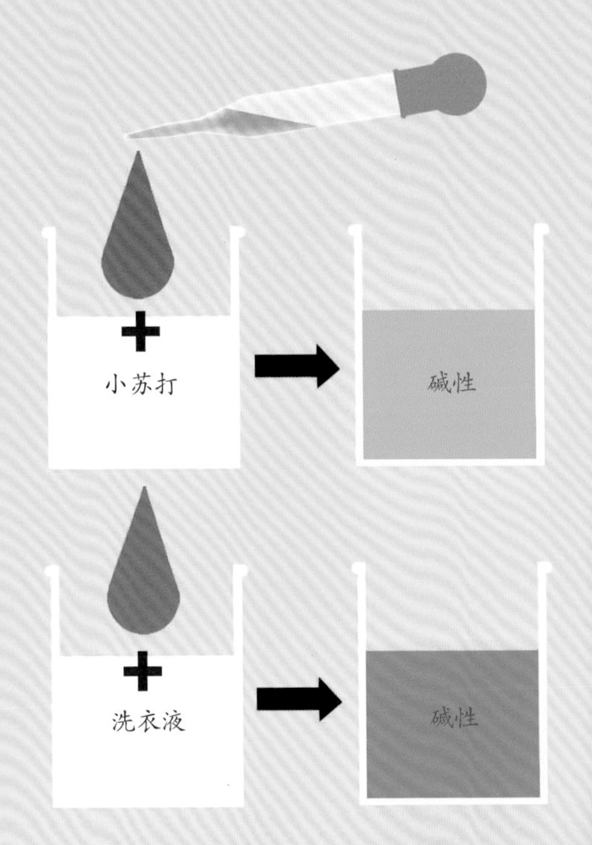

石蕊试纸

酸性溶液会令蓝色的石蕊试纸变成红色，但不会令红色的石蕊试纸变色。碱性溶液会令红色的石蕊试纸变成蓝色，但不会令蓝色的石蕊试纸变色。

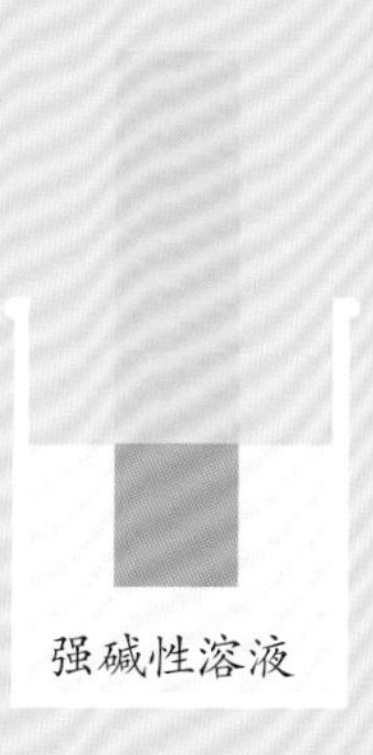

万能指示剂

由多种指示剂混合而成，因此能够直接分辨酸性物质和碱性物质。

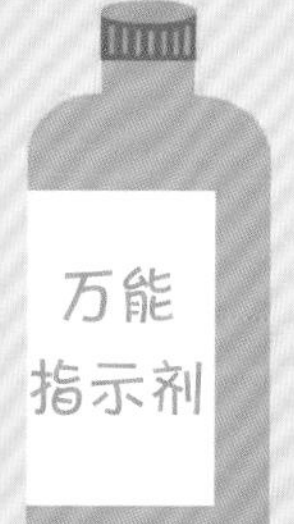

便于储存，不易失效。

可以对比色盘确定物质的酸碱度。

pH检测仪

能够精确测量溶液酸碱度的仪器。

凤仙花的传说

古时候，女人们都喜欢在初夏采集凤仙花花瓣染红指甲。所以，凤仙花又叫作“指甲花”。

凤仙花留在指甲上的红色物质其实就是一种叫花色素苷（gān）的色素。

包括波义耳做实验用的紫罗兰在内，当作指示剂使用的植物汁液中大部分都含有这种色素。我们正是根据这种色素的变化来判断物质的酸碱性的。

韩国神话故事中也有关于凤仙花的凄美传说。

很久以前，百济国（在今朝鲜半岛西南部）有一位擅长演奏玄鹤琴的女人，名叫凤仙。她擅长抚琴的消息传入了百济国国君的耳中。有一天，她被叫到国君面前演奏玄鹤琴。也不知为何，从皇宫返回之后，凤仙就一病不起。几日后，国君因为怀念凤仙的琴声，便微服私访来到凤仙的家中。凤仙不顾病魔缠身，尽心竭力为国君弹奏了曲子。或许因为太过勉强，凤仙的手指被琴弦割破，流出了鲜血。看到这一幕，国君亲自用裹着白矾的棉布为凤仙包扎。国君离去后，没几天凤仙就撒手人寰。后来，有人看到凤仙的坟墓上开出了鲜红的凤仙花。

用来染指甲的凤仙花

虽然纯净水是中性的，但天空中落下的雨水大都是弱酸性的。甚至，天上还会降下强酸性的雨。这样的雨虽然不会立刻对人产生很大的影响，却会对一些弱小的生物造成巨大的伤害！

18 世纪后期，足以改变世界的重大事件接二连三地在英国发生，如蒸汽机和珍妮纺织机的面世。

无数纺织厂如雨后春笋般冒出来。

工厂的数量和规模呈井喷式增长。其中，除了纺织厂，还有许多制造其他物品的工厂。而想要保持蒸汽机不停地运转，工厂就需要燃烧大量的煤炭。煤炭燃烧时释放出的烟雾会通过工厂的烟囱排放到空气中，就这样持续了一百五十多年。一天，英国首都伦敦，突然遭遇了一件可怕的事情。

大片浓厚、刺鼻的烟雾笼罩着伦敦的街道。这些携带着硫酸小液滴的烟雾，久久不能散去。人们开始有胸闷、窒息等不适感。当月，多达数千人在这场大烟雾中死去。

此次事件被称为“伦敦烟雾事件”。

不过，早在这件可怕的事情发生之前，就有一位科学家已经预见这些排放物质的隐患，并展开相关研究。

那是 1852 年的事情。英国化学家罗伯特 · 史密斯正在工业城市——曼彻斯特，观察当地的雨水情况。

在那里，他发现了一件奇怪的事。

史密斯决定给这种雨起个名字，叫“酸雨”，意为“酸性很强的雨”。到了 1872 年，他在自己的一本书中首次使用了“酸雨”这个词。

酸雨这个称呼渐渐被人们所接受。

史密斯表示，根据对酸雨的观测结果，当污染严重时，每 4.5 升的雨水中就会含有 0.13～0.19 克的酸。他还说，若是淋到这种雨，植物和砖都会遭到腐蚀。

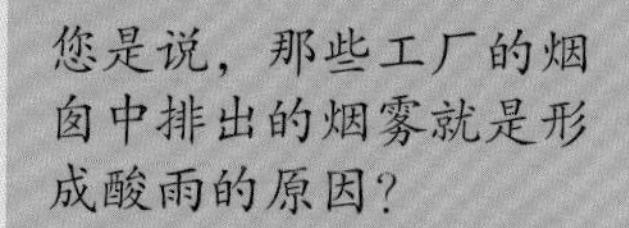

其实严格地说，大部分的雨都属于酸雨。因为天空中落下的雨水中都溶解着一定的二氧化碳。当二氧化碳溶于水后，水就会呈酸性。

雪碧等碳酸饮料之所以是酸性的，也是因为溶有二氧化碳。

不过，既然所有的雨都是酸性的，为什么还要多此一举地给它起“酸雨”这种名称呢？

因为酸雨的酸性要比普通雨水的酸性更强。

那么，酸雨是如何形成的呢？

史密斯在工厂附近发现酸雨。之后，其他科学家也证实了工厂烟囱中排放出来的污染物就是形成酸雨的原因。

那些污染物的主要成分是二氧化硫和氮氧化物。

平时，这些污染物会飘浮在空气中。而当遇到雨云后，它们就会被云中的水滴溶解，从而转变成带有强酸性的硫酸和硝酸。

若是这些强酸以雨滴的方式掉落到地面上，就是酸雨；若是以雾滴的状态飘浮在低空中，就是雾霾。

史密斯曾表示酸雨会腐蚀植物和砖。那么，酸雨的危害到底有多大呢？

一般的酸雨所携带的酸性会比柠檬或雪碧稍弱一些。因此，哪怕淋了一点儿酸雨，也不会直接危害身体健康。

但若是酸雨一直不停地下，那么地面上的污染物就会不断累积，使得植物无法正常生长；同时，酸雨会污染河流和湖泊，导致水中的生物面临死亡的威胁。

在很长一段时间里，史密斯对酸雨的研究都没能引起人们的关注。

直到发生伦敦烟雾事件，人们才渐渐重视环境问题，史密斯的研究也开始受到广泛的关注。形成酸雨的污染物并非只对一个城市或一个国家造成影响，而是会对全世界造成严重的影响。因为它们会通过大气和水，蔓延到全世界。

目前世界各国都在为减少污染物的排放而不懈努力。

科学知识

酸雨

酸雨是指酸性比一般的雨更强的雨。通常来说，pH 低于 5.6 的雨就是酸雨。工厂烟囱中排放的烟雾、汽车行驶时排放的尾气等都是形成酸雨的主要原因。

酸雨的形成原因

工厂烟囱中排放的煤烟和汽车尾气中都含有大量的污染物。

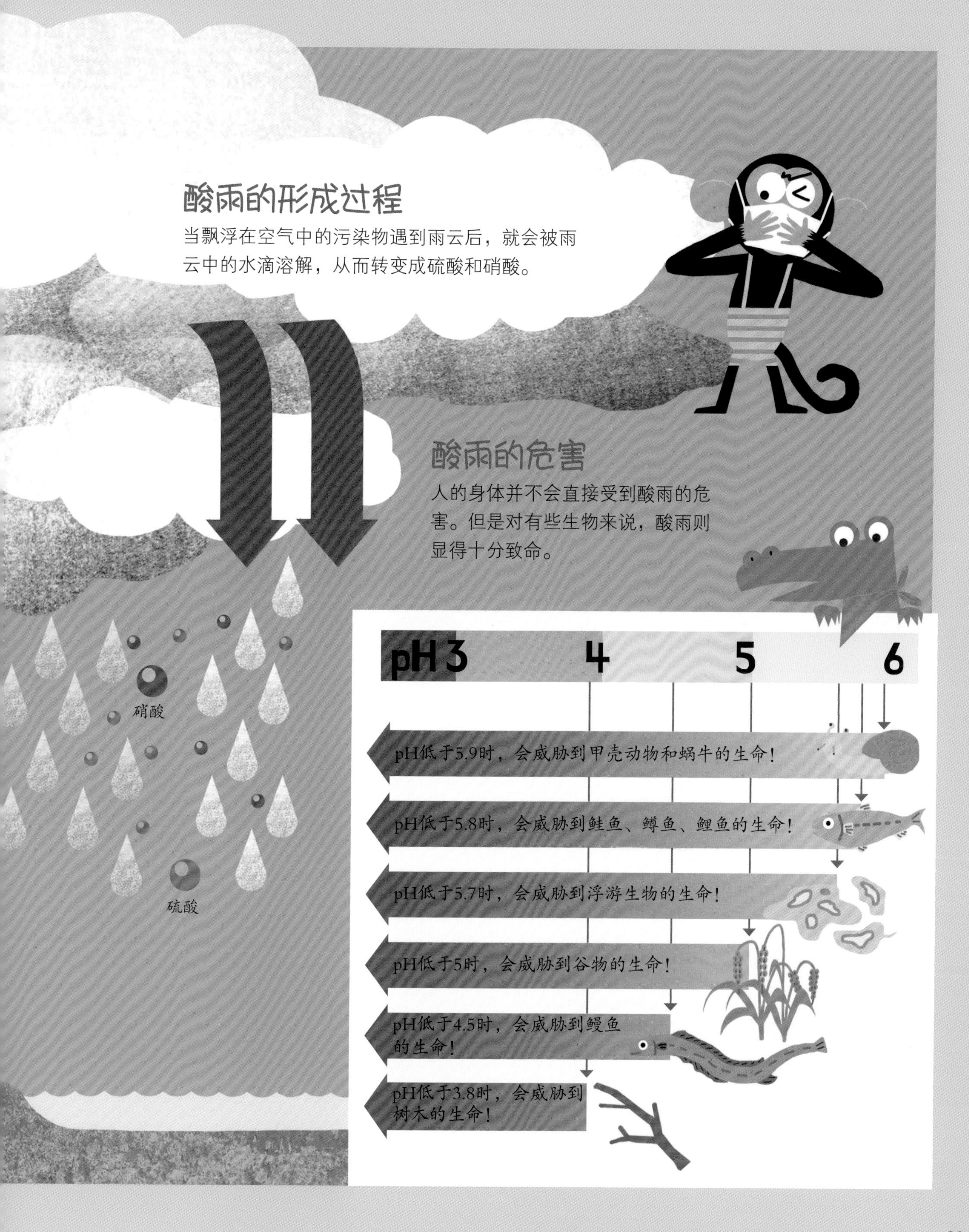

酸雨的形成过程
当飘浮在空气中的污染物遇到雨云后，就会被雨云中的水滴溶解，从而转变成硫酸和硝酸。
硝酸
硫酸
酸雨的危害
人的身体并不会直接受到酸雨的危害。但是对有些生物来说，酸雨则显得十分致命。
pH3
4
5
6
pH低于5.9时，会威胁到甲壳动物和蜗牛的生命！
pH低于5.8时，会威胁到鲑鱼、鳟鱼、鲤鱼的生命！
pH低于5.7时，会威胁到浮游生物的生命！
pH低于5时，会威胁到谷物的生命！
pH低于4.5时，会威胁到鳗鱼的生命！
pH低于3.8时，会威胁到树木的生命！

用大理石制作的古希腊雕塑和建筑

在古希腊时期，各种学术、艺术百花齐放。

学者们研究哲学和科学，人们在剧场中可以观赏精彩的表演，艺术家们创作出各种优秀的雕塑作品。

其中，最著名的是用大理石将阿佛洛狄忒女神的美丽姿态雕刻出来的《米洛斯的维纳斯》。

此外，栩栩如生地描绘特洛伊祭司拉奥孔和他的儿子之死的《拉奥孔和他的儿子们》也是这一时期的典型作品。据说，这个作品是由三名古希腊著名雕刻家合力完成的杰作。在当时，人们通常会使用青铜、黏土、大理石等作为雕塑作品的材料。其中，大理石坚固、有质感，备受艺术家的喜欢。不过，大理石有一个特点，那就是会被酸腐蚀。

据说，建造于公元前438年的美丽的帕特农神庙，因受到酸雨的腐蚀，正渐渐破败。拥有两千多年历史的美好作品正在一点点遭到破坏，不得不说，真是一件十分令人惋惜的事情。

被酸雨腐蚀的帕特农神庙

关于酸和碱，你了解多少？

自古以来，人们一直关注那些带有酸性或碱性的物质。虽然使用它们存在一定的风险，但是只要妥当运用，就能为人们的生活带来很大的便利。然而，真正了解酸和碱的本质并不是一件容易的事情。后来到了 17 世纪，通过波义耳的发现，人们才渐渐解开酸和碱的秘密。相信随着科学的发展，我们对酸和碱的了解将越来越深，它们的用途也将越来越广泛。

过去

知道酸的存在和用途

很久以前，人们就知道酸的存在并懂得利用它；同时，对碱也有一定的了解。

1664年

发现指示剂

在做实验的过程中，波义耳发现一种天然指示剂。这种指示剂可以通过颜色的变化来分辨酸和碱。此外，他还发现中性物质的存在。中性物质既不呈酸性也不呈碱性。

1852年

发现酸雨

通过研究曼彻斯特工厂附近的雨水，史密斯发现世上存在比普通雨水酸性更强的雨，即酸雨。

 标记的部分是正文中出现的内容。

1884年

解释中和反应的原理

瑞典科学家阿伦利乌斯对“中和反应”进行了解释。中和反应是指酸性物质与碱性物质相遇后，两者失去原有的性质，并生成水的过程。

现在

如今，为了更科学、更准确地解释酸和碱的性质，科学家们正不懈努力。例如，布朗斯特和劳里、路易斯等化学家就以“原子由质子、中子、电子组成”的理论为基础，分别提出酸碱质子理论和酸碱电子理论。

$$H\text{-}Br \quad H\ddot{\underset{\cdot\cdot}{O}}\text{-}CH_3 \longrightarrow Br^{\ominus} \quad H\underset{\cdot\cdot}{O}^{\oplus}(H)\text{-}CH_3$$

$$BF_3 \quad :NH_3 \longrightarrow F_3B^{\ominus}\text{-}NH_3^{\oplus}$$

图字：01-2019-6046

图书在版编目（CIP）数据
酸和碱的故事 /（韩）权恩雅文；（韩）安恩真绘；千太阳译 . —北京：东方出版社，2020.12
（哇，科学有故事！. 物理化学篇）
ISBN 978-7-5207-1482-2

Ⅰ . ①酸… Ⅱ . ①权… ②安… ③千… Ⅲ . ①酸度－青少年读物②碱度－青少年读物 Ⅳ . ① O657.92-49

中国版本图书馆 CIP 数据核字（2020）第 038663 号

哇，科学有故事！化学篇 · 酸和碱的故事
（WA，KEXUE YOU GUSHI! HUAXUEPIAN · SUAN HE JIAN DE GUSHI）
作　　者：［韩］权恩雅 / 文　［韩］安恩真 / 绘
译　　者：千太阳

策划编辑：鲁艳芳　杨朝霞
责任编辑：金　琪　杨朝霞
出　　版：東方出版社
发　　行：人民东方出版传媒有限公司
地　　址：北京市东城区朝阳门内大街166号
邮　　编：100010
印　　刷：北京彩和坊印刷有限公司
版　　次：2020年12月第1版
印　　次：2024年11月北京第4次印刷
开　　本：820毫米 × 950毫米　1/12
印　　张：4
字　　数：20千字
书　　号：ISBN 978-7-5207-1482-2
定　　价：256.00元（全10册）
发行电话：（010）85924663　85924644　85924641

文字 ［韩］权恩雅

毕业于首尔大学绘画专业。之前一直从事与科学教育相关的作品策划工作，如今是一名儿童科普图书作者。主要作品有《扎实的小学科学概念词典》《科学博物馆》《改变世界的50名科学家的特讲》等。

插图 ［韩］安恩真

出生于首尔，毕业于弘益大学绘画专业。曾于1994年荣获韩国美术大赛特等奖，并举办多场绘画、版画展览。自从成为妈妈后，开始关注儿童图书。不过，正式开始为童书绘制插图是在修完英国金斯顿大学网络课程API（advenced program in illustration）之后。主要作品有《我是我的主人》《什么是思考》《世界的保健总统李忠旭》《小小挑战者》《鳄鱼乌莉娜》等。

哇，科学有故事！（全 33 册）

生命篇	01 动植物的故事——一切都生机勃勃的 02 动物行为的故事——与人有什么不同? 03 身体的故事——高效运转的“机器” 04 微生物的故事——即使小也很有力气 05 遗传的故事——家人长相相似的秘密 06 恐龙的故事——远古时代的霸主 07 进化的故事——化石告诉我们的秘密
地球篇	08 大地的故事——脚下的土地经历过什么? 09 地形的故事——隆起，风化，侵蚀，堆积，搬运 10 天气的故事——为什么天气每天发生变化? 11 环境的故事——不是别人的事情
宇宙篇	12 地球和月球的故事——每天都在转动 13 宇宙的故事——夜空中隐藏的秘密 14 宇宙旅行的故事——虽然远，依然可以到达
物理篇	15 热的故事——热气腾腾 16 能量的故事——来自哪里，要去哪里 17 光的故事——在黑暗中照亮一切 18 电的故事——噼里啪啦中的危险 19 磁铁的故事——吸引无处不在 20 引力的故事——难以摆脱的力量
化学篇	21 物质的故事——万物的组成 22 气体的故事——因为看不见，所以更好奇 23 化合物的故事——不同元素的组合 24 酸和碱的故事——见面就中和的一对

解决问题

日常生活篇	25 味道的故事——口水咕咚 26 装扮的故事——打扮自己的秘诀
尖端科技篇	27 医疗的故事——有没有无痛手术? 28 测量的故事——丈量世界的方法 29 移动的故事——越来越快 30 透镜的故事——凹凸里面的学问 31 记录的故事——能记录到1秒 32 通信的故事——插上翅膀的消息 33 机器人的故事——什么都能做到

扫一扫
看视频，学科学